古詩詞裡的自然常識 鳥類篇

鍾歡、施奇靜、孫詩易————著

春田、譚希光————繪

小白鷺爲什麼排成一行飛？④

U0001486

各界推薦

建立詩詞的生活連結，激起閱讀動力，原來，「讀詩」也可以是跨領域的統整學習。

小茱姊姊（施賢琴）｜教育廣播電台主持人

這本書從認識歷史和自然常識出發，帶孩子體會詩詞背後的故事，也呼應 108 課綱，讓文學與歷史、自然科學跨領域聯繫。

高詩佳｜暢銷作家、「高詩佳故事學堂」Podcast 主持人

從生活中可以發現許多科學現象，但如果是從古詩裡呢？就讓這套書帶著我們一起看看古詩跟科學可以擦出什麼火花吧！

楊棨棠老師（蟲蟲老師）｜寶仁小學自然科專任教師

我很喜歡古典詩詞，常對古人絕妙好辭嘆為觀止，但這些嘆為觀止在開始攀爬台灣高山之後改觀：原來真正美的非遷客騷人的詞藻，而是大塊文章鬼斧神工。

而本書讓人驚豔之處也在於將古典詩詞之美具象，將詩人加工過的風花雪月回復成「原形食物」，並以很反差卻毫不違和的科普型態呈現詩文提及的自然百態，兼具感性與理性。

楊傳峰｜《為孩子張開夢想的翅膀》作者

語文與自然的跨界對談，除了欣賞古詩詞優美的意境，還能認識詩人們眼中的花、鳥、蟲、魚，天人對應，萬物相宜。

盧俊良｜「阿魯米玩科學」粉專版主、岳明國中小老師

序 言

想讀懂詩詞，得先懂得生活

中文詩詞美嗎？當然！

既然古詩詞是文化瑰寶，大家也覺得詩詞是美好的語言，為什麼寫過國文考卷的你，也只是把這些讚美掛在嘴邊呢？

因為我們太久沒有讀詩詞了。

不過，這種距離感並不是因為我們離開學校太久。仔細回想一下，就會發現詩詞離我們並不遙遠。一口氣背誦上百首唐詩、一口氣報出「李杜」的名號，這樣的場景何其熟悉。然而即便我們讀出這些詩詞和知識，它們也只是冷冰冰的文字組合，並沒有成為生活的一部分；只是複雜的文字符號，讀完後很快就消散在空氣中。

難道閱讀詩詞只是為了訓練記憶力嗎？當然不是！

詩詞裡有的是壯麗河川、花鳥情趣、珍饈美味、恩怨情仇……這一切不正是組成有趣故事的成分嗎？

想像一下，如果古人也有 Facebook、Instagram 等社交平台，那麼詩詞就是他們發文的內容。詩詞背後有著生動的故事、難忘的回憶，還有燦爛的文化傳承。當然，要想真正明白這些文字，確實需要一些背景知識，因為詩詞可是古人創作智慧的結晶，透過極致、簡練的語言表達更多內容、更悠遠的意境。

你可能會說：「講這麼多，還是不能解決問題！」別著急，這正是本書的價值和意義所在。

　　讀完這套書，孩子會明白：《詩經》中「投我以木瓜，報之以瓊琚」的本義，其實是「滴水之恩，湧泉相報」；孩子會明白「春蠶到死絲方盡」其實是生命輪迴的必經階段，蠶與桑葉早在幾千年前就註定有著割捨不斷的聯繫；孩子會明白古人如此重視「葫蘆」這種植物，絕不僅僅因為名字的諧音是「福祿」……

　　這正是本書希望告訴孩子的故事，也是想讓孩子了解的歷史和自然常識！

　　有了趣味生動的故事、色彩鮮明的插畫、幽默活潑的文字，才能有效傳遞這些知識。看書不僅僅是讀詞句，更重要的是體會背後的故事、作者的生活，真正理解這些過去大獲好評的內容。

　　從今天開始，不要讓詩詞成為躺在課本上的文字符號，一起找回古詩詞原有的魅力和活力，並成為知識、話語、生活的一部分吧！

　　　　　　　　　　　　　　　　史軍（中國科學院植物學博士）

v

目　錄

黑天鵝

鷓　鴣

翠鳥

麻雀

伯勞

鳩

孔雀 ㄎㄨㄥˇ ㄑㄩㄝˋ

白孔雀、綠孔雀、藍孔雀，有什麼不一樣？
孔雀為什麼長著「中看不中用」的尾上覆羽？

孔雀東南飛（節選）

漢樂府

孔雀東南飛，五里一徘徊。

十三能織素，十四學裁衣。

十五彈箜ㄎㄨㄥ篌ㄏㄡˊ，十六誦詩書。

十七為君婦，心中常苦悲。

雌性綠孔雀

2

這是一首著名的樂府詩，講述焦仲卿和劉蘭芝這對夫妻的家庭生活故事。節選部分寫的是，劉蘭芝的少女時期和結婚後的生活，從中不難看出劉蘭芝的勤勞和善良。詩歌開頭「孔雀東南飛，五里一徘徊」非常有畫面感，是夫妻倆難捨難分的情感寫照，也成了廣為流傳的詩句。

雄性綠孔雀

河南安陽的殷墟中曾出土過孔雀骨，可見早在先秦時期，孔雀就已經出現在古人的生活中了。不過，這裡所說的孔雀並不是今天常見的藍孔雀，而是中國原產的綠孔雀。晉朝時劉欣期所寫的《交州記》裡就有對綠孔雀的描述：「孔雀色青，尾長六七尺。」

這裡的綠和藍，指的是孔雀脖子的顏色。孔雀屬的鳥類只有綠孔雀和藍孔雀兩種，所謂的「白孔雀」其實還是藍孔雀，只是羽毛出現白色變異而已。綠孔雀曾經遍布中國南方，如今森林資源減少，使綠孔雀的家園逐漸萎縮，野生綠孔雀只剩下不到五百隻。雄孔雀都有著華麗的尾上覆羽，能長到一公尺長，求偶時會開屏；雌孔雀沒有華麗的尾屏，羽色也相對黯淡。

白孔雀

綠孔雀和藍孔雀有什麼不一樣？

綠孔雀有著直立簇狀的羽冠，臉頰上有一塊明顯的黃色裸皮，頸部有綠色鱗片狀的斑紋，兩翼收攏後則是深藍色，身材高矂；藍孔雀有著扇形羽冠，臉頰沒有裸皮，頸部是純藍色，兩翼密布著白褐相間的斑紋。雌性藍孔雀是棕灰色的，雌性跟雄性綠孔雀的差別不那麼明顯，主要是雌性的尾上覆羽比較短。

綠孔雀

藍孔雀

孔雀的求偶行為

孔雀最為人熟知的求偶行為就是開屏了，炫耀尾羽則是雄孔雀的主要求偶方式。牠們會打開自己華麗而沉重的尾羽，好像一面巨大的屏風。不僅人類看到孔雀開屏會覺得驚奇，雌性孔雀也會驚訝於這個巨大美麗的「屏風」。

除了開屏，雄孔雀的求偶動作還有擦羽。也就是在開屏的時候摩擦羽毛，發出「嚓～嚓～」的聲音。開屏中的雄孔雀還會跳舞。如果這個時候雌孔雀看不上走開了，雄孔雀還會轉動身體，保證自己的開屏是正對著雌孔雀的。

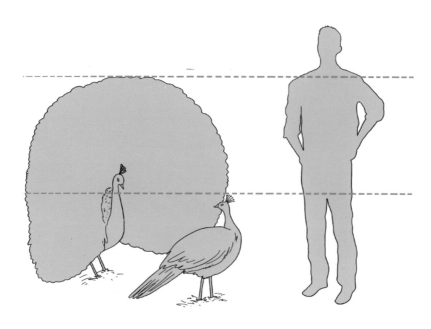

孔雀開屏後和人類站立時的高度對比。

孔雀為什麼有那麼重的尾上覆羽？

其實，只有雄孔雀才擁有沉重而漂亮的羽毛。雌孔雀長得十分樸實，一點華麗的羽毛都沒有。

擁有華麗羽毛的代價，就是因此喪失了長途飛行的能力。儘管如此，雄孔雀的羽毛依舊向著更華麗、更沉重的方向演化。因為對雄孔雀來說，延續自己的基因比自己的生命更加重要。生命總會結束，沒有華麗的羽毛，牠就找不到雌孔雀繁衍後代，這樣牠的基因就會消失在歷史長河裡。

所以，雄孔雀長那麼重的尾上覆羽，就是因為雌孔雀喜歡這樣的雄孔雀，感覺更強壯。

自然放大鏡

孔雀平時吃什麼？

野生的孔雀是雜食性的鳥類，喜歡吃各種野果，也會吃稻穀、青草、樹葉。除此之外，牠們還會吃蟋蟀、蝗蟲、蛾類等昆蟲，甚至連一些小蜥蜴也不放過。而在養殖場裡，餵養孔雀和養雞差不多，飼養員餵牧草和飼料，飼料裡的主要成分有玉米、小麥、穀粉、麩ㄈㄨ皮、豆粕ㄆㄛˋ、骨粉、貝殼粉等。

杜鵑 ㄉㄨˋ ㄐㄩㄢ

杜鵑的叫聲有什麼特色？小杜鵑是被誰養大的？

聞王昌齡左遷龍標遙有此寄

唐・李白

楊花落盡子規啼，

聞道龍標過五溪。

我寄愁心與明月，

隨君直到夜郎西。

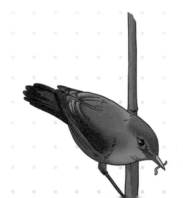

暮春三月，李白在揚州，聽說好友王昌齡被貶為龍標尉，看到眼前飄飛的柳絮，聽到耳邊一聲聲杜鵑的悲啼，他有感而發，寫下了這首詩。既是表達對好友際遇的感同身受，也述說無法當面向好友話別的愁緒。這裡的「龍標」指的就是王昌齡。遠在千里外的李白，把自己的擔心托付給明月，向好友遙致思念。

鳥兒有歷史

除了「子規」這個別名，杜鵑也叫做「布穀鳥」。相傳這種鳥是蜀王杜宇的精魂所化，鳴聲異常淒切動人。掉落的時節大概是三月初，此時，候鳥杜鵑也飛回包括中國各地在內的繁殖地了，古人描寫三月初的驚蟄節氣物候時，也提過這種鳥。杜鵑的叫聲獨特，在不同人、不同情境下聽來，總能引起不同的聯想。有的說牠在叫「布穀」，有的說牠在叫「好苦」，這讓杜鵑經常在古詩中露面。

自然放大鏡

外形：外形修長，兩翼及尾巴都很長。嘴強壯又有力，嘴形彎曲，便於捕捉大型昆蟲。

巢：多在樹上棲息，將卵產在其他鳥類的巢中。

叫聲：大多數是「布穀—布穀—」的聲音，清晰悅耳，四聲杜鵑的叫聲是響亮清晰的四聲哨音。

食物：以昆蟲為食。

大杜鵑的繁殖

春天，從南半球的越冬地飛回，在北半球繁殖。但牠不自己築巢，而是將蛋下到其他鳥類的巢中，偽裝成鳥巢主人的蛋，讓「冤大頭」替牠孵蛋、養娃。這就是著名的「巢寄生」。

不同種群的大杜鵑有不同的寄主，常見的是灰喜鵲。為了在灰喜鵲的巢裡產卵，大杜鵑會長時間監視灰喜鵲的巢，一旦灰喜鵲離開巢穴，大杜鵑就會迅速地飛進去產卵。有時候大杜鵑找不到機會，就會模仿猛禽雀鷹的姿態飛向灰喜鵲的巢穴，把牠們嚇飛，然後就可以趁機把卵混入灰喜鵲的巢穴了。

杜鵑卵的孵化

一般來說，杜鵑卵的孵化期要比被寄生者早三至四天。提前孵化出來的杜鵑雛鳥會在別人的巢穴裡搞破壞，像是不停活動導致巢穴溫度下降，讓其他卵因為溫度不夠而無法孵化。有時候，小杜鵑也會親自上陣，直接用背把其他卵頂出巢穴，讓牠們摔碎在地上。

小杜鵑的生長

獨占灰喜鵲的巢穴以後，大杜鵑的雛鳥就會拚命喊餓，而灰喜鵲出於母愛的本能，也會把之前雛鳥需要的食物都餵給小杜鵑。研究者曾觀察到，一隻出生 19 天的小杜鵑，一天就被餵食了 19 次，一共吃了 161 隻昆蟲，食物總重量高達 126.8 公克，然而這時候的小杜鵑體重只有不到 80 公克。

哪怕面對的是唯一的「強盜小孩」，灰喜鵲父母還是會竭盡自己所能。為了給小杜鵑一個清潔的家，灰喜鵲父母常常會在小杜鵑排泄時，用自己的嘴巴去接住糞便，然後拋到巢穴外面。

這種代為養育的過程會持續接近一個月。羽翼豐滿以後，被養大的杜鵑就會毫不留戀地張開自己的雙翅，頭也不回地離開牠的家，拋棄牠的養父母。

比杜鵑小很多的東方大葦鶯要非常努力覓食，才能填飽塊頭很大的「養子」。

東方大葦鶯和大杜鵑的共同進化

大杜鵑對猛禽雀鷹的模仿並不僅限於飛行的姿態，牠的體形、腹部的條紋、羽毛，甚至連叫聲都模擬了雀鷹。

不過，研究發現同屬於大杜鵑常見寄主的東方大葦鶯，能認出天上衝著自己巢穴而來的到底是大杜鵑還是雀鷹，然後發出不同的警報聲。牠的同伴在聽到這種特殊的聲音以後，會以最快的速度回巢。

有趣的是，由於平時接觸少，對於同樣會巢寄生的紅翅鳳頭鵑，東方大葦鶯就不會發出這種特殊的警報聲。研究還發現，雖然和東方大葦鶯不是同一個種，同樣身為大杜鵑寄生的另一受害者，住在旁邊的黑眉葦鶯卻能聽懂牠們的報警聲，然後做出反應。

東方大葦鶯常常躲在水邊蘆葦叢中鳴唱，叫聲像小狗發出的聲音。

杜鵑卵牠們寄主的卵很相似。

13

喜鵲

ㄒ丨ˇ ㄑㄩㄝˋ

能帶來好運的喜鵲竟然和烏鴉是親戚？喜鵲會搭橋嗎？

西江月・夜行黃沙道中

宋・辛棄疾

明月別枝驚鵲，清風半夜鳴蟬。

稻花香裡說豐年，聽取蛙聲一片。

七八個星天外，兩三點雨山前。

舊時茅店社林邊，路轉溪橋頭見。

這是一首寫田園風光的詞，描繪了一個生機勃勃的夏夜。天邊的明月升上樹梢，驚飛了棲息的喜鵲，晚風清涼，蟬鳴陣陣；稻花飄香，蛙聲一片，似乎在告訴人們又一個豐收之年即將到來。寥落的星星，忽明忽暗；山前的小雨，淅淅瀝瀝。小橋一過，樹林邊的茅屋小店到哪兒了？拐個彎那座熟悉的鄉村客店。

成語「鳩占鵲巢」，是指鳩自己不築巢，強行霸占喜鵲巢，後來多用來比喻以霸道強橫的方式坐享別人的成果。其實，占了喜鵲巢的並非斑鳩，而是常出現在城市上空的紅隼_{ㄓㄨㄣˇ}。古人所說的「鳩」，是一種猛禽的統稱。

公認的聰明鳥

喜鵲和烏鴉都是鴉科的鳥類，親緣關係很近，體形也接近。但是，民間往往認為喜鵲會帶來好運，烏鴉會帶來霉運。這真是冤枉烏鴉了。

鴉科的鳥類是公認的聰明鳥，比如牠們喜歡準備好幾個空巢來迷惑敵人。此外，很少有動物能辨別出鏡子裡的自己，而喜鵲就是其中之一。

不愛搬家的喜鵲

喜鵲是一種留鳥，長時間生活在同一個地區，不喜歡搬家，不會像燕子一樣一到冬天就飛往溫暖的南方。這是因為喜鵲什麼都吃！即使在寒冷的冬天，喜鵲也能找到食物，甚至就連在人類的垃圾中，牠們也能找到吃的。

築巢「能手」

在民間傳說裡，無數喜鵲會在每年七夕飛上銀河，搭起「鵲橋」，讓久別的牛郎、織女可以短暫相見。因為這個傳說，「鵲橋」成為連結愛人之間美好情感的象徵。現實中的喜鵲不會架橋，而是築巢能手。喜鵲的巢隨處可見，樹枝上、電線桿上、大樓空調上⋯⋯大大一叢非常顯眼。不過，可別小看這些亂糟糟的喜鵲巢，為了搭好巢，喜鵲可沒偷懶。

喜鵲巢的入口常常開在背風處，巢是半封閉的，只留側面一、兩個拱門，喜鵲甚至會考察開口的角度。

喜鵲的巢分內巢和外巢，內巢會選用羽毛、乾草等柔軟舒適的材料，外巢則選用堅固的樹枝。有時候，喜鵲還喜歡在舊屋上建新居。於是，喜鵲窩就越搭越高，看上去非常壯觀。

喜鵲巢的剖面圖

兇猛的喜鵲

喜鵲是公認的吉祥鳥兒，但也不要輕易招惹牠們。尤其在繁殖期間，喜鵲會非常護雛。如果不小心接近了牠們的巢，喜鵲可能會認為你要傷害牠們的寶寶，便會發出警告的鳴叫。如果你沒聽信警告，就可能遭受喜鵲的群體攻擊。

黃鸝（ㄏㄨㄤˊ ㄌㄧˊ）

黃鸝都是黃色的嗎？黃鸝的叫聲嘹亮悅耳，是怎麼求偶的？

滁州西澗

唐・韋應物

獨憐幽草澗邊生，

上有黃鸝深樹鳴。

春潮帶雨晚來急，

野渡無人舟自橫。

立春後便能聽到黃鸝的鳴叫，一到夏天，麥子黃了，黃鸝叫得更加歡暢。這首詩是詩人任滁州刺史時所作，描寫靜謐的春日景色。詩人獨愛澗邊的幽幽芳草，林木深處是婉轉啼鳴的黃鸝。不過，此處的鳥鳴並不熱鬧，反而讓人有種幽深的感覺。傍晚時分，春潮伴著春雨，使澗水的水勢轉急。一葉無人的小船，獨自橫漂於郊野的渡口。

黑枕黃鸝的巢築在大樹的樹梢間，看來像個搖籃。

21

黃鸝是長江以北地區的夏季候鳥，夏季飛到中國東部等地區繁殖，冬季再飛到亞洲南部越冬。自古以來，黃鸝就受到眾多詩人的喜愛。王維的「漠漠水田飛白鷺，陰陰夏木囀黃鸝」琅琅上口；晏殊的「池上碧苔三四點，葉底黃鸝一兩聲」廣為人知。詩人們為什麼對黃鸝情有獨鍾呢？這大概是因為黃鸝是春的使者，牠的出現就意味著春天的到來。

黃鸝都是黃色的嗎？

黃鸝科有二十多種鳥類，但未必都是黃色的。不過，最常見的黃鸝確實是黃色的，也就是黑枕黃鸝。他們一般都在樹頂築巢，一次產四至五顆卵。雌性負責孵化，雄性負責防禦，雌雄一同育雛。

黃鸝深樹鳴

黑枕黃鸝雖然羽毛顏色鮮艷，但喜歡在樹木濃密的枝葉裡活動，通常只能聽到牠的鳴唱，除非特意尋找，否則很難看見牠。所以，黑枕黃鸝的巢築在大樹的樹梢間，看起來像個搖籃。詩人說的「黃鸝深樹鳴」，非常符合牠的習性。

黑枕黃鸝怎麼求偶？

黑枕黃鸝十分擅長鳴叫，叫聲嘹亮悅耳。因此，牠求偶的方式就是對歌了。每年的六至八月是黃鸝的繁殖季，這時候雌黃鸝會在前面飛，雄黃鸝就在其後緊追不捨。如果雌黃鸝停了下來，那雄黃鸝也會跟著停下來並開始對歌。雌黃鸝唱幾句，雄黃鸝就會跟著唱幾句，有來有回，持續很久很久。

黑枕黃鸝的叫聲

鳴叫是黑枕黃鸝十分重要的活動。在繁殖期，黑枕黃鸝的活動範圍多在 100 公尺以內，但是牠的叫聲卻可以傳播 300 至 400 公尺遠。整個繁殖期裡，牠平均每小時會叫上一百多次；在鳴叫次數最多的築巢期，平均每小時能叫上兩百多次。

黑枕黃鸝的鳴叫不但次數多，形式也十分複雜。有一個音節的叫聲，也有三個、五個、六個音節的叫聲，甚至還有一些難以歸類的叫聲。就算是同樣音節數的叫聲，也會有不同音調的差別。如果仔細聽，會發現牠們不光是不同生長時期的叫聲不一樣，哪怕是早上、中午、晚上的叫聲也略有差異。可惜的是，我們並不知道這些叫聲具體表示什麼，也許牠們只是在聊天吧。

台灣的黑枕黃鸝

黃鸝早期在台灣平地相當普遍常見，然而隨著棲地環境變遷、人為獵捕等因素，族群數量快速減少。

每年四至六月爲黃鸝主要繁殖期，由於繁殖成功率低，每隻雛鳥要長大都需要很多的機運才行！

自然放大鏡

外形：體形小，羽毛色彩亮麗，嘴強直有力。

食物：以果實及昆蟲為食。

巢：築巢在大樹的枝梢間，用樹枝及纖維物環繞樹枝築成，看上去就像是個搖籃，一窩產卵四至五顆卵。

叫聲：清晰而響亮悅耳。

家_{ㄐㄧㄚ} 燕_{ㄧㄢˋ}

小燕子不是一身黑白嗎，為什麼說牠「穿花衣」？
燕子是怎麼建造巢穴的？

錢塘湖春行

唐・白居易

孤山寺北賈亭西，水面初平雲腳低。

幾處早鶯爭暖樹，誰家新燕啄春泥。

亂花漸欲迷人眼，淺草才能沒馬蹄。

最愛湖東行不足，綠楊陰裏白沙堤。

寫這首詩的時候，詩人恰好在杭州當官。閒來遊玩，他站在西湖的最佳觀景點——孤山寺北面到賈公亭的西面。極目遠眺，首先映入眼簾的是湖水漲平，水天相接，白雲低垂的美景。接下來是鶯歌燕舞、繁花盛開、淺草青青的畫面。最後，詩人將目光推向最愛的湖東，遠處的白沙堤在綠樹的掩映下美不勝收。

燕子在古人眼中一直都是備受喜愛的形象，因為人們將「燕子銜泥」視為春天開始的象徵。難得的是，清朝經學家郝懿行曾寫過一本科普小書《燕子春秋》，實際觀察、記錄燕子在農曆二月至九月間的遷徙、繁殖、育雛、營巢、飛翔、捕食等諸多行為，對燕子的生物學特徵進行比較全面的總結。

春天時，放飛的風箏裡最具代表性的造型就是燕子。說起來，燕子風箏確實生動地還原了家燕「穿花衣」和尾巴「似剪刀」的特點呢！

燕子穿花衣嗎？

家燕「穿」的確實是「花衣」，但因為飛得太快，看起來好像只有黑白兩色。中國大部分地區的家燕都是夏候鳥，每年春天從南半球飛回，在歐亞大陸和北美大陸繁殖。歸來的家燕一般不會再用前一年的舊巢，而會「啄春泥」來建造新家。

家燕的孵化行為

家燕一年要產兩次卵，基本上整個孵卵過程都由雌燕獨自承擔。雌燕每天都會花二十個小時進行孵卵工作，剩下的時間則需要外出覓食。但是，雌燕每次出去花幾分鐘吃幾口後，就又飛回巢穴繼續孵卵。這幾分鐘時間是吃不飽的，於是雌燕只能頻繁地往外飛，算是「少量多餐」。

這樣的孵化生活持續十四天後，雛鳥就出殼了。遇上孵化艱難的情況，雛鳥就是不出來時，雌燕還會用嘴在殼上啄一個小洞，幫助雛鳥探出腦袋。

家燕和大杜鵑的「恩怨」

杜鵑不築巢，常喜歡把蛋下到別的鳥巢裡，給自己的孩子找「養母」。大杜鵑是常見的寄生性杜鵑，有紀錄的宿主多達二十四種，家燕就是其中之一。

大杜鵑的幼鳥長得很巨大，甚至比成年的家燕還要大，一隻幼年的大杜鵑就能把整個燕子窩撐滿滿。為了躲避大杜鵑的寄生，南方的家燕會避開大杜鵑的繁殖高峰，把自己的繁殖時間提前一些，所以南方家燕很少被寄生。

家燕自身也演化出識別杜鵑卵的能力，甚至能識別出很相似的大杜鵑卵和雀鷹卵。也有專家認為，家燕和人類做鄰居能獲得很多好處，其中一項就是驅趕大杜鵑。因此，家燕很少被大杜鵑寄生成功，偶爾發現一、兩例，都會被人們當成稀奇的新聞。

家燕的巢穴

家燕一般在四至五月的時候飛到牠的繁殖地，然後開始築巢。和一般鳥巢不同，家燕的巢穴十分複雜且堅固，因此築巢時間也十分漫長。

牠們先是啄取濕泥和稻草，混合著唾液來砌成堅固的外殼。這個過程，一般就要持續十一至十二天。然後，牠們又會花三至四天拾取乾草根鋪在巢底做成軟墊。最後，牠們甚至還會在這個墊子上鋪四到五根羽毛或人的頭髮，讓巢穴更柔軟。這樣做既能安放自己的蛋，也能防止雛鳥打滑跌出巢外。

自然放大鏡

外形：體細長，兩翼長且尖。身上是鋼藍色的，胸部偏紅，有一道藍色的胸帶，腹部是白色的。

食物：以空中的飛蟲為主。

叫聲：喊喊喳喳。

巢：銜泥築巢。

雨 (ㄩˇ) 燕 (ㄧㄢˋ)

「舊時王謝堂前燕」中的「燕」是什麼燕？
飛得最快的燕子又是哪一種呢？

烏衣巷

唐・劉禹錫

朱雀橋邊野草花，

烏衣巷口夕陽斜。

舊時王謝堂前燕，

飛入尋常百姓家。

東晉時，烏衣巷是高門士族的聚居區，匯聚了很多人才。唐代詩人劉禹錫到此地懷古，那時六朝古都的景色已不存在，朱雀橋邊的野草開了花，在夕陽的斜照下，烏衣巷口的斷壁殘垣顯得十分荒涼。當年的世家大族王導、謝安宅邸檐下的燕子，如今也飛進了尋常百姓的家中。讀這首詩，我們不難體會到詩人對滄海桑田的無限感慨。

古人對動植物沒有明確的分類，所以分辨古詩中的物種就成了一件難事。有人說「舊時王謝堂前燕」裡的「燕」是普通雨燕，這是因爲牠們喜歡在木結構建築中築巢。但是，生性膽小的雨燕目鳥兒可不敢明目張膽地在「堂前」築巢，而是建在木結構建築的孔洞中，或是屋頂下的昏暗空間裡。在人類的建築出現之前，牠們都在昏暗的洞穴等地築巢。此外，〈烏衣巷〉的創作地點在今天的南京，人們在此地通常見不到普通雨燕，牠們遷徙的繁殖地主要在中國北方，北京、河北、天津一帶。不過，這並不影響我們了解普通雨燕這種可愛的鳥兒。

雨燕的腳爪很小，四個腳爪完全朝著前方生長，這讓它能垂直地攀附在牆壁上。

最擅長飛行的鳥類

雨燕是世界上最擅長飛行的鳥類之一。以常見的北京雨燕爲例，牠平均每小時能飛行 110 公里，甚至比高速公路上的汽車都要快一些。飛行「能手」北京雨燕，吃喝拉撒都是飛著完成的。不過，站在地上的北京雨燕就沒了在空中的本事，甚至連站都站不穩。

雨燕之所以擁有如此強大的飛行能力，和牠的生活軌跡有很大的關係。和在海南過冬、到北方繁殖、喜歡「國內旅遊」的家燕不同，北京雨燕每年都要進行一次遙遠的「國外旅遊」。每到秋天，北京雨燕就會飛到遙遠的非洲去過冬。到了第二年夏天，再飛回中國北方繁殖後代。可見，牠們確實眞的很能飛。

「永不落地」的鳥兒

在神話傳說中，有種無腳鳥一生都在天上飛，飛累了就在風裡睡覺，只有死的時候才會落地。現實生活中當然不存在這樣的鳥兒，但也有極爲接近的存在——普通雨燕。

多年前就有科學家發現，普通雨燕擁有十分驚人的滯空能力。針對十三隻在瑞典南部捕獲的普通雨燕進行長達兩年的追蹤以後，科學家發現牠們99%的時間都是在空中度過的。其中有三隻普通雨燕在整整十個月中從未落地。

普通雨燕可以在空中進食，在空中交配，牠們能在空中休息甚至睡覺，除了哺育幼鳥必須在巢穴裡完成，普通雨燕幾乎不會落地。

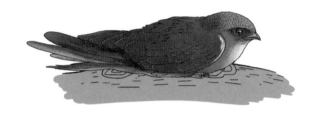

金絲燕的悲歌

雨燕科有九十多種鳥兒，生活在東南亞海岸上的金絲燕就是其中之一。和喜歡在高大古建築上築巢的北京雨燕類似，金絲燕的巢築在百米懸崖之上。牠們會用自己的唾液和羽毛之類的雜物混合，做成巢穴。每個巢穴都需要一隻金絲燕不眠不休地吐上萬次唾沫才能築成。

不幸的是，人類有時會無情地奪走這些巢穴，做成燕窩。無家可歸的金絲燕只能繼續做下一個巢，然後再次被奪走，直到筋疲力盡，只能隨便在懸崖上找個凹陷地當成巢穴。這樣的巢穴品質不佳，卵和幼鳥都非常容易從上面滑落。然而下面就是萬丈懸崖，滑落的幼鳥很難有存活的希望。

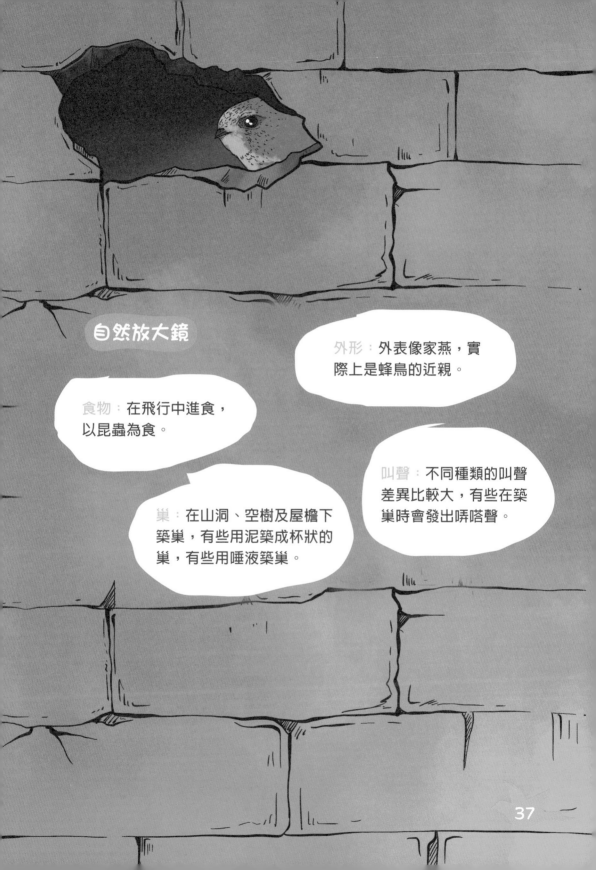

烏ｘ鴉ㄧㄚ

為什麼人們會覺得烏鴉不吉利？黑麻麻的烏鴉竟然非常聰明？

天淨沙·秋思

元·馬致遠

枯藤老樹昏鴉，

小橋流水人家，古道西風瘦馬。

夕陽西下，斷腸人在天涯。

這是元散曲中有名的佳作。黃昏，盤曲的藤條纏繞在乾枯的老樹上，幾隻烏鴉站在上頭，給人一種寂靜、蒼涼的感覺。小橋下有潺潺的流水，附近有幾處人家。古道上西風冷冷地吹，瘦弱的老馬艱難前行。夕陽西下，漂泊在外的遊子怎能不想家？全曲短小精煉，意蘊深遠，被後人譽為「秋思之祖」，是元代散曲的絕唱。

雖然烏鴉看起來黑麻麻的，先秦時期卻認為牠們是一種神鳥。所謂「烏鴉報喜，始有周興」，就是說烏鴉帶來了吉祥的預言。唐宋以後，烏鴉在中國人心目中的地位急轉直下，從原來的神鳥，變成了令人討厭的災星──詩詞中出現的烏鴉通常都是帶有負面形象的「昏鴉」和「寒鴉」。比如，杜甫的「獨鶴歸何晚，昏鴉已滿林」，辛棄疾的「晚日寒鴉一片愁」等等。烏鴉的出現也會勾起古人孤獨、愁苦的情感。

如今，我們對烏鴉的了解更多：牠們非常聰明，甚至能夠制定計畫，也很擅長學習，能把自己獲得的知識傳授給其他烏鴉；牠們吃腐肉加快物質循環，是「大自然的清潔工」；牠們羽毛的顏色不是來自色素，而是顯微結構對光線的反射、衍射。從不同角度觀察的話，烏鴉的羽毛其實不是純黑的，可能是泛著藍紫色的金屬光澤。對了，烏鴉和象徵吉祥如意的喜鵲可是近親呢！

天下烏鴉一般黑？

絕大部分的烏鴉是黑色的，但是並不代表全天下的烏鴉都是黑色的。在中國新疆的塔克拉瑪干沙漠裡，就有一種名為白尾地鴉的鳥類，牠的身體是褐色的，尾巴則是白色的。白尾地鴉是世界瀕危鳥種，數量不到七千隻，所以大部分的人沒有見過牠們。「烏鴉」並不是正式的名稱，也就是說，沒有一個名為烏鴉的物種，所謂的「烏鴉」只是鴉科鴉屬下面幾十種鳥類的俗稱。至於白尾地鴉能不能算是一種烏鴉，暫時還沒有定論。

聰明的鳥類

過去三十至四十年的研究顯示，鴉科鳥類擁有超凡的智力和記憶力，牠們在多項認知測試中的成績和類人猿持平，甚至有超越的跡象。牠們能學會使用「錢」（代幣）來購買食物。小嘴烏鴉和渡鴉為了能得到更多、更好的食物，可以在五至十分鐘內控制自己對食物的渴望。這種延遲滿足，就連不少人類的兒童都無法做到。

1. 先取一根枝條。

2. 把枝條插入一個小洞。

會用工具的鳥

鴉類是少數會使用工具的動物之一，有隻著名的新喀鴉貝蒂甚至會製造工具。在某次研究中，牠把一根鐵絲彎成一個鉤子，並用鉤子從管子裡取出裝有獎勵的小桶。這種製造工具的能力，原本一直被認為是類人猿的專長。

3. 取出一條小蟲。

4. 吃掉小蟲。

烏鴉的護巢行為

雖然烏鴉在中外文學作品裡，常常代表絕望和死亡的反派形象，但現實生活中卻完全不是這麼一回事。比如，人類破壞烏鴉巢穴的時候，如果是剛建好的，烏鴉就會立刻棄巢，另外再造一個；如果巢裡有牠的蛋，烏鴉就會出現明顯的戀巢表現。牠會在一旁窺視巢穴，人類離開後再回到巢穴中繼續孵化。

雛鳥出生後，烏鴉的護巢行為達到頂峰。如果這時人類去驅趕，烏鴉不但不會離開，雌雄親鳥還會不斷對人類猛撲和拍打，並且發出洪亮的鳴叫，不管人類怎麼驅趕都無濟於事。為了保護雛鳥，死亡對烏鴉來說似乎都不再是威脅了。

自然放大鏡

外形：**全身烏黑。**

食物：**以穀物、漿果、昆蟲和腐肉為食。**

叫聲：**粗啞的嘎嘎聲。**

畫ㄏㄨㄚˋ 眉ㄇㄟˊ

畫眉的叫聲優雅動聽，天性卻頗為好鬥。
你知道什麼是「鬥畫眉」嗎？

畫眉鳥

宋・歐陽修

百囀千聲隨意移，

山花紅紫樹高低。

始知鎖向金籠聽，

不及林間自在啼。

畫眉在萬紫千紅的樹梢枝杈間跳上、飛下，牠的鳴叫百囀千啼，忽遠忽近，甚是好聽。詩人也曾陶醉於金絲籠中畫眉的叫聲。但當他來到山林，親耳聆聽了自由、歡快的鳴叫之後，才發現什麼是真正的妙音。寫這首詩的時候，歐陽修正因政治鬥爭遭受排擠，被外放到滁州任職。了解這個背景，就知道他為什麼會羨慕林間自在的畫眉了。

鳥兒有歷史

畫眉的叫聲優雅動聽，自古就是人們樂於豢養的鳥類。古典文學名著《紅樓夢》中，林黛玉初入賈府，由僕人引著去見賈母時便看到「兩邊穿山遊廊廂房，掛著各色鸚鵡、畫眉等鳥雀」。不僅如此，由於畫眉天性好鬥，「鬥畫眉」的歷史也非常久遠。當兩隻畫眉被放在一個籠子裡，雙方往往會認為對方是入侵者，因而誘發戰鬥。戰鬥的過程異常激烈，以致主人經常要擔心自己的畫眉是否會有生命危險。

群鳥中的歌唱家

畫眉是雀形目的鳥類。「畫眉」這個名字，說的是牠眼睛周圍非常鮮艷的白色眉紋。雀形目的鳥類如黃鸝，大多叫聲婉轉動聽，畫眉的鳴唱尤其悠揚。然而，這悅耳的歌聲有時卻帶給牠們一場場災難。有人因為喜歡牠們的歌聲而將之囚禁在鳥籠中。畫眉在地面覓食，攝食落在地面的果實和昆蟲，因此也容易被人捕捉。

今天，由於人們貪婪地捕捉與囚禁，畫眉的數量越來越少，也越來越不容易在野外聽到牠們的歌聲。如果不停止非法捕捉、買賣、籠養，未來或許再也沒有機會聽牠們「林間自在啼」了。

被大量捕捉的畫眉

畫眉被人類大量捕捉，主要原因並非是要「鬥畫眉」，而是因為牠們的歌聲動聽，是鳴禽中的「佼佼者」。這個優點導致大量的畫眉被捕捉，甚至進入國際貿易的市場。

47

但是雌雄畫眉的歌唱能力完全不一樣。出於求偶的目的，雄畫眉的歌唱能力遠強於雌畫眉，養鳥者也比較偏愛雄畫眉。可是貪婪的捕鳥人卻無法分辨雌雄，因此運氣不好而落入網中的雌畫眉，往往會慘遭毒手。

畫眉的求偶行為

畫眉的求偶行為一般從三月中上旬開始。進入發情期後，雄畫眉就會脫離牠的家族，占領一塊四至五平方公里的林地。如果這時候有別的雄畫眉入侵牠的領地，占領者就會先發聲示威。如果入侵者還不走，雄畫眉就起飛驅逐。

有了領地，雄畫眉接著就在樹上高亢鳴叫以吸引雌畫眉。如果有中意的雌畫眉到來，雙方就會互相鳴叫、抖動翅膀、追逐，最後交配。交配完成以後，牠們就會築巢準備產卵了。

畫眉築巢的材料：松針、樹根、樹葉、雜草。

畫眉的築巢行為

一對畫眉築好一座巢穴，一般需要一天半到三天左右。多由雄鳥負責放哨，雌畫眉負責築巢。築巢時，畫眉十分注重巢穴的隱蔽性，一旦被人發現，牠們很可能會放棄原來的巢穴，在十幾公尺外重新再築一個。

畫眉的這種行為本來是為了確保安全，但是在遊客眾多的山林裡，這反倒成為一種負擔。有人曾經觀測到一對畫眉因為不斷被人打擾，在繁殖期反覆築巢高達到八次之多。

自然放大鏡

食物：在腐葉中穿行找食，以昆蟲為主，也吃種子、果實、草籽等。

外形：白色眼圈在眼後延伸成狹窄的眉紋。頂冠以及頸背有偏黑色縱紋。

巢：呈杯狀或橢圓形的碟狀，用乾草葉、枯草根和莖等編織而成，地點隱蔽。

叫聲：悅耳活潑而清晰的哨音。

鳩 ㄐㄧㄡ

斑鳩吃太多桑椹會醉嗎？
斑鳩求偶的時候會一直鞠躬嗎？

國風・衛風・氓ㄇㄤˊ（節選）

先秦・佚名

桑之未落，

其葉沃若。

于嗟鳩兮，

無食桑葚！

這是一首先秦的民間歌謠，出自第一部詩歌總集《詩經》。這幾句詩的意思是：桑葉還沒落下的時候，像被水浸潤過一樣有光澤，用葉子的生長繁盛，藉此來談新婚的融洽。唉，那些斑鳩呀，不要貪吃桑椹。

51

古代有一本研究《詩經》的著作，叫《毛詩故訓傳》。根據書中記載，古人認為斑鳩吃太多桑椹會醉。由於桑椹落果可能會發酵產生酒精，所以鳥兒吃多了也是有可能醉的。醉了的鳥兒是什麼模樣呢？科學家們觀察發現，這時的鳥兒叫聲會變得含糊不清。

珠頸斑鳩

灰斑鳩

斑鳩是很多鳥兒的統稱。中國常見的有灰斑鳩、山斑鳩、珠頸斑鳩等。牠們都是鳩鴿科的鳥類，和我們熟悉的鴿子有很近的親緣關係，長得也很像。不過，斑鳩不群聚，只會單隻或成對出現。牠們吃植物的種子，也吃果實，桑椹就是牠們的食物之一。

山斑鳩

斑鳩怎麼求偶？

和開屏的孔雀不同，斑鳩的求偶儀式是蹦蹦跳跳的。雄性會繞著雌性一邊轉圈，一邊鳴叫，每走幾步還會鞠躬。這當然不是為了表示尊敬，而是為了炫耀，炫耀牠脖子上的前頸羽。如果這時雌斑鳩不喜歡，飛走了，雄斑鳩就會追上去，還一邊鳴叫、鞠躬。雌斑鳩跑得越快，雄斑鳩就追得越快，鞠躬也越頻繁，直到雌斑答應為止。

雄斑鳩

雌斑鳩

斑鳩築巢

斑鳩在求偶前往往要先選定巢穴的地址。雄性珠頸斑鳩為了選址，通常會在上午十點左右，在高大喬木頂上飛來飛去。如果發現牠選擇的風水寶地裡有其他鳥的巢穴，還會去破壞對方的巢穴，把對方趕走。

選定住址後，雄斑鳩就開始求偶、交配，接著兩隻鳥就一起築巢。斑鳩的巢穴比較簡單，用不到一百根的枝條拼成。如果其他鳥留下舊巢穴，牠們偶爾還會回收再利用一下。

斑鳩怎麼餵養幼鳥？

斑鳩是性別分工比較平等的動物，雄性和雌性都會參與育雛。牠們育雛的過程一般分為三個時期，持續二十天左右。

前五天，親鳥會在嘴巴裡分泌一種富含蛋白質的鴿乳來餵養雛鳥。第六天開始，鴿乳的分泌量逐漸減少，親鳥會混搭一些植物種子來餵養雛鳥。第十三天起，雛鳥就會偶爾離巢，開始練習飛行，但是傍晚還是會回到巢穴裡棲息。二十天以後，雛鳥就正式成年，開始離巢獨立生活。

自然放大鏡

食物：**以果實、種子及漿果為食。**

外形：**身體結構緊實，嘴短粗。**

巢：**以細小樹枝營建平台形的巢，卵為白色。**

叫聲：**重覆發出悅耳的咕咕聲。**

鷓（ㄓㄜˋ）鴣（ㄍㄨ）

鷓鴣是在哭，還是在求偶？
為什麼北方人沒有見過鷓鴣？

菩薩蠻・書江西造口壁

宋・辛棄疾

鬱孤台下清江水，中間多少行人淚？

西北望長安，可憐無數山。

青山遮不住，畢竟東流去。

江晚正愁餘，山深聞鷓鴣。

昔日，金兵攻占北宋的都城汴京（今開封）並一路追至造口。辛棄疾途經此地，寫下這首詞，抒發自己對國家興亡的感慨。鬱孤台下的清江水，流淌著多少百姓的血淚？詞人遙望西北的長安，只見一座座青山。不過，奔湧的江水終究是擋不住的，它必定能沖破重巒疊嶂，向東流去。正在此刻，遠山深處傳來鷓鴣的聲聲悲鳴，又讓詞人陷入了無盡的憂傷。

鵂鶹的叫聲聽上去斷斷續續，像是在抽泣。古人聽到鵂鶹鳴叫，難免會被勾起離愁別緒。所以，許多文人墨客都曾藉鵂鶹來抒情。實際上，鵂鶹的叫聲可不是在感傷，而是在求偶。繁殖季節的雄鵂鶹競爭非常激烈，牠們的嘶鳴和啄木鳥的啄木聲一樣，都是爲了奪得雌鵂鶹的青睞。

愛穿花衣裳

鵂鶹的嘴巴黑黑的，眼睛是暗褐色的，身上的羽毛黑白棕相間，背上和胸腹部又有許多眼狀的白斑，就好像穿了一件花衣裳。乍看之下，鵂鶹有點像鵪鶉，又有點兒像雞。不過，牠的體形比鵪鶉大，又比雞小，不難分辨。

鷓鴣的日常生活

鷓鴣不是素食主義者，牠們吃雜草、野果、種子、嫩芽、嫩葉，也吃蚱蜢、螞蟻等昆蟲。因為葷素通吃，營養均衡，所以鷓鴣的身體很強健。牠們的爪子十分有力，別說是跑來跑去，就連刨土也很在行。鷓鴣喜歡在森林的灌木叢中覓食，一般是用走的，有時也會用飛的，而且飛得還挺快。

吃飽喝足的鷓鴣也很懂得享受。牠們會在正午陽光下來場沙浴，在沙土堆裡使勁撲騰翅膀，驅趕羽毛裡的各種寄生蟲。

鷓鴣的求偶行為

每年三至六月是鷓鴣的繁殖期，並且會提前兩個月開始求偶交配。為了爭奪配偶，雄鷓鴣們通常要舉辦一場「鷓鴣好聲音」，透過較量歌喉來展現自己。如果歌聲難分伯仲，牠們就會大打出手。首先，雄鷓鴣們會像拳擊手一樣凝視彼此，然後開始互啄。牠們的喙堅硬有力，只有打到另一方落敗而逃，勝利者才能贏得雌鷓鴣的「芳心」。

鷓鴣實行「一夫一妻制」，不過也有少數鷓鴣群實行「一夫多妻制」，這是頭鴣才有的「特權」。「頭鴣」是領地內唱歌和打架的第一名，還享有高聲啼叫權、沙浴優先權。

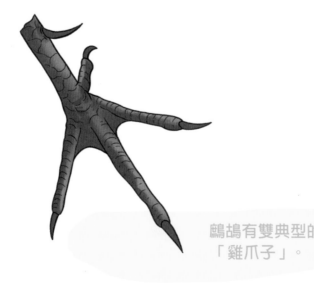

鷓鴣有雙典型的「雞爪子」。

鷓鴣的繁育行為

求偶交配後，雌雄鷓鴣會在四至五月開始築巢。通常會選在灌木叢或草叢裡，土坑狀的鳥巢由枯草、枯枝組成，看上去和其他陸禽的巢穴一樣簡陋。雖說鳥巢有點粗糙，鷓鴣的蛋卻十分光滑。每窩產卵五至十枚，呈橢圓形或梨形，整體棕白帶暗紅斑，有點像放大版的鵪鶉蛋。鷓鴣蛋的孵化期是二十一天左右。在這段時間內，雌鷓鴣十分顧家，很少會離巢覓食。

同時，鷓鴣的領地意識很強，雄鷓鴣會在高高的樹枝上鳴叫以宣示主權。如果有不認識的同類想靠近牠們的家，則會被奮力驅趕出去。

生在江南，長在江南

鷓鴣生活在長江以南，是一種留鳥。也就是說，牠們長年累月都生活在同一個地方，不像燕子會在春夏時節飛往北方。所以，北方人沒有見過鷓鴣，也就不奇怪了。

麻雀（ㄇㄚˊ　ㄑㄩㄝˋ）

古人為什麼討厭麻雀？麻雀真的是害鳥嗎？

南鄉子・梅花詞和楊元素

宋・蘇軾

寒雀滿疏籬，爭抱寒柯看玉蕤（ㄖㄨㄟˊ）。

忽見客來花下坐，驚飛。蹴散芳英落酒卮（ㄓ）。

痛飲又能詩，坐客無氈（ㄓㄢ）醉不知。

花盡酒闌春到也，離離。一點微酸已著枝。

蘇軾和楊元素曾經共事，兩人經常寫詞往來，互相唱和。這首詞記錄了兩人同事間相處融洽的深厚友誼。冬日裡，疏疏的籬笆上停滿了麻雀。牠們爭著飛向梅樹，欣賞如玉的梅花。麻雀看到來喝酒的客人坐到梅樹下，一下子驚飛起來，踏散的梅花落到客人的酒杯裡。主人楊元素善飲又能作詩，客人喝醉了，墊坐的毛氈掉了也渾然不覺。酒飲盡，花賞足，春天悄悄來了，梅子就快爬滿枝頭。

麻雀極其常見、極其普通，也常常在古人的詩詞中以陪襯角色出現。詩歌中常常用麻雀的渺小來襯托鴻鵠、鳳凰的高大。《韓詩外傳》中有這樣的說法：「夫鳳凰之初起也，翾翾十步，藩籬之雀喔咿而笑之。」不過，麻雀會吃掉農民辛苦種植的莊稼，也就不難理解古人為什麼會厭惡和貶損牠們了。

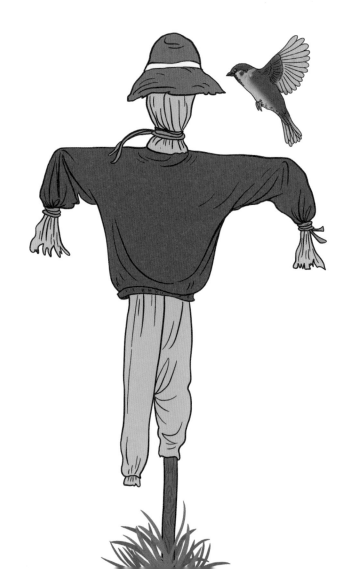

自然放大鏡

叫聲：以啾啾聲
為主。

外形：矮矮的，
圓圓的，體形較
小，嘴錐形。

食物：主要以農作物的
種子為食，也吃雜草的
種子、昆蟲等。

習性：喜歡群居，多數與
人類有共同的棲息環境。

麻雀的食性

麻雀雖然喜歡吃農作物的種子，但牠是雜食性動物，也會吃雜草的種子和各種昆蟲，甚至是少量的蜘蛛、蝸牛。一般來說，麻雀吃最多的是農作物，其次是雜草種子，最後才是昆蟲。被麻雀吃掉的昆蟲裡，有不少益蟲，但更多的是害蟲。因此這樣說來，麻雀也算幫了人類一點兒忙。而且麻雀吃掉雜草種子，也多少抑制雜草的生長，只不過效果可能不大。

麻雀幼鳥主要以昆蟲、蜘蛛這樣的動物為食，不吃農作物的種子。這樣看來，麻雀算不上是完全有害的鳥兒。

城市汙染的指標

由於麻雀分布廣、數量多，近年來會用麻雀來衡量城市的汙染情況。比如汙染物汞，生活在農作物區的家麻雀，體內汞含量就高於工業區的家麻雀。但是汙染物鎘則是相反，生活在工業區的家麻雀，體內鎘含量要高於農作物區的家麻雀。如果殺蟲劑在特殊的農業區對環境造成汙染，麻雀體內的殺蟲劑含量就會比非農業區的要高。不過，這裡提到的家麻雀，並不是我們常見的家雀——樹麻雀。

麻雀都出沒在哪裡？

在 多數人的印象裡，麻雀總是出現在樹林裡，但麻雀喜歡覓食的地點，其實是距離人類建築物比較近，但植被不大茂密的地方。這些地方雖然沒有豐富的天然食物，卻有人類活動留下的一些食物能作為補充。

不 過，麻雀要休息的時候，情況就有所不同了。這時麻雀會聚集起來，因為數量越多，大家一起警戒可以更早發現天敵，提高麻雀的生存率。而枝繁葉茂的大樹能提供更多停靠地點，所以麻雀更喜歡聚集在大樹上休息。

這是常見的樹麻雀。

67

鴛（ㄩㄢ） 鴦（一ㄤ）

鴛鴦一直都這麼漂亮嗎？牠們真的是愛情的「代言鳥」嗎？

絕句二首・其一

唐・杜甫

遲日江山麗，

春風花草香。

泥融飛燕子，

沙暖睡鴛鴦。

這首詩是杜甫在成都時期的作品，有著「以詩入畫」的意境。詩一開始，就描繪了初春浣花溪一帶明麗的春景——春光下的江山格外秀麗，春風吹來，花草芳香。春日的溫暖軟化了泥土，燕子銜泥築巢，成雙成對的鴛鴦在暖和的沙洲上入眠。

鴛鴦非常漂亮，古人認為牠們對愛情非常忠貞，因此常常以鴛鴦作為裝飾圖案，成對地繡在被褥上，是愛情美滿的象徵。鴛鴦被上繡著的兩隻鴛鴦大多很漂亮，但實際上，漂亮的鴛鴦都是雄性的，雌鴛鴦的羽毛顏色黯淡，也沒有漂亮的羽冠。而且，即使是雄性，鴛鴦也不是一整年都這麼漂亮。在非繁殖季節，雄鴛鴦會換羽，羽毛的顏色就會像雌鴛鴦那樣黯淡。此時就要靠嘴來分辨雌雄：雄鴛鴦的嘴是紅色的，雌鴛鴦的嘴是褐色的。

鴛鴦是樹棲的鴨科動物，通常會在離水不遠的樹洞裡築巢孵蛋。小鴛鴦出生後，會集體爬出樹洞，跟隨親鳥下水游泳。

鴛鴦的繁殖行為

雖然鴛鴦常常被當成愛情美滿的象徵，卻很難從牠們的繁殖過程中看出這點。鴛鴦的求偶過程很簡單。雌雄鴛鴦在水中悠遊，看對眼的雙方會頻繁點頭，雄性還會豎立頭部的冠羽，同時伸直頸部，不斷擺動頭部。

完成配對的鴛鴦開始築巢。和一般鳥類不同的是，鴛鴦是由雌性承擔築巢任務，一般是由枯樹枝、樹葉、草和羽毛構成，直徑往往只有十幾公分，深度也只有十公分左右。

鴛鴦育雛

鴛鴦的孵卵也全部由雌性承擔。孵卵期的雌鴛鴦每天要離巢覓食二至三次，每次覓食時間大約一小時。這時雄鴛鴦並不會幫忙，而是和雌鴛鴦一起取食戲水。為了防止離巢時其他動物過來偷蛋，雌鴛鴦會用草把卵蓋起來。

剛孵出來的鴛鴦幼鳥全身長滿羽毛，眼睛也是睜開的。在巢穴中停留一至兩小時，就可以跟隨親鳥游泳、覓食。

親鳥對雛鳥非常保護、異常警覺，一旦有人或其他動物靠近，牠們就會高聲鳴叫。

鴛鴦吃什麼？

雖然生活在水邊，鴛鴦的主要食物來源並不是水產品。不管是成鳥還是雛鳥，多半都吃植物性的食物，比如各種草本植物和各式植物種子。鴛鴦還會吃水藻，偶爾也吃點小魚、蝦類、螺類這樣的動物性食物。

鴛鴦常在天然的樹洞裡築巢，不過，現在人們會提供宅基地給牠們。

為什麼很少看到鴛鴦上岸吃東西呢？其實，鴛鴦大部分的時間都在休息和游泳，每天只花一個多小時覓食，而且大部分集中在早上七點前和下午兩點以後。鴛鴦每天覓食的次數不多，每次的食量也不大。所以，不是看到鴛鴦在休息，就是在游來游去。

自然放大鏡

巢：在樹穴或河岸建造巢穴。

外形：雄鴛鴦色彩艷麗，有醒目的白色眉紋以及金色頸等；雌鴛鴦不是很艷麗。

食物：吃青草，也吃動物性食物。

叫聲：常常安靜無聲。雄鴛鴦飛行時會發出短哨音。

翠 ㄘㄨㄟˋ 鳥 ㄋㄧㄠˇ

翡翠竟然是種鳥？這種鳥到底是什麼顏色？

曲江二首・其一

唐・杜甫

一片花飛減卻春，風飄萬點正愁人。

且看欲盡花經眼，莫厭傷多酒入唇。

江上小堂巢翡翠，花邊高冢ㄓㄨㄥˇ臥麒麟。

細推物理須行樂，何用浮名絆此身。

曲江又名曲江池，是陝西著名的遊覽勝地。面對美景，詩人卻因仕途不順而心情不佳：一片花瓣飄落，就讓人感慨春色已減；如今風把成千上萬的花打落，怎能不令人傷感？趕快欣賞這即將消逝的春光吧，也不要擔心酒喝多了讓人傷懷。昔日的樓堂如今衰敗荒涼，被翡翠鳥築了巢；原來雄踞的石麒麟，如今倒臥在地上。曲江池的盛況不再。仔細琢磨事物的道理，那就只能及時行樂，別讓浮名牽絆自己，失了自由啊！

古人所說的翡翠鳥是什麼顏色呢？《康熙字典》裡說翡翠是翠鳥，「赤而雄曰翡，青而雌曰翠」。今天，雌雄翠鳥在外形上沒有明顯的差異，同一種類的雌雄翠鳥長得很像。古人看到的紅色或綠色翠鳥，應該是不同種類，可能是紅色的赤翡翠，和藍綠色的普通翠鳥。

點翠工藝的沒落

鳥類的羽毛五彩繽紛。其中紅色、黃色來自食物中的色素，藍色、綠色甚至黑色，則是牠們特殊的羽毛結構在光線照射下呈現的效果。蝴蝶翅膀五彩斑斕，也是一樣的原理。

明清時期，翠鳥的羽毛被大量用於頭冠、髮簪的裝飾。故宮館藏的后妃頭飾中，很多都使用了點翠工藝。

因為翠鳥無法人工養殖，所以點翠工藝使用的羽毛多半來自野生翠鳥。主要使用的是白胸翡翠的羽毛，導致野生翠鳥大幅減少。失去羽毛來源，點翠工藝也就逐漸消失在歷史長河裡。

現在，點翠首飾主要用在京劇的配套行頭上。不過，幾年前曾經針對是否要復興點翠工藝，有過一陣激烈的爭論。一方是即將失傳的傳統工藝，一方是瀕危的野生動物。要復興這項傳統工藝，還需要積極探索，尋找更加合適的一條路。

強大的「捕魚機器」

根據棲息地的不同，翠鳥可以分為兩大類：一種是生活在森林裡的林棲類翠鳥，主要以昆蟲為食；另一種是生活在水邊的水棲類翠鳥，主要以魚蝦為食物。水棲類翠鳥堪稱「捕魚機器」，會在半空中尋找獵物，然後迅速俯衝入水，抓住魚蝦後再快速飛回空中。

1. 翠鳥在抓魚時，會在接近水面的地方收攏翅膀，看上去就像跳水運動員。

翠鳥科裡有兩個屬的翠鳥，單看名字就知道牠們特別擅長捕魚——體形較小的魚狗屬、體形較大的大魚狗屬。

民間也常把翠鳥稱為「魚狗」。魚狗既不是魚也不是狗，卻是一種鳥，這名字真是夠奇怪的了。

2. 抓到魚之後，會搧動翅膀，努力往上飛。

3. 翠鳥把抓到的魚餵給寶寶。

普通翠鳥真的很普通嗎？

前 面提到「藍綠色的普通翠鳥」，你會不會以為常見的翠鳥就是「普通翠鳥」？這樣理解就錯啦！其實是有專門的一個物種名叫普通翠鳥。

生 活中也會遇見類似的問題。比如，普通感冒不是指普通、不嚴重的感冒，而是有一種病就叫普通感冒；一般外科醫生也不是指普通的外科醫生，而是有個分屬科室就叫一般外科。

自然放大鏡

外形：色彩亮麗，金屬藍的羽毛，頭大，具有強壯的長嘴。

食物：以昆蟲及小型脊椎動物為食。

巢：在地上、樹幹、河岸洞穴中或白蟻穴中築巢。卵是白色的，球形。

伯ㄅㄛˊ 勞ㄌㄠˊ

「勞燕分飛」裡的「勞」是什麼鳥？牠怎麼過生活？

東飛伯勞歌（節選）

南北朝・蕭衍

東飛伯勞西飛燕，

黃姑織女時相見。

誰家女兒對門居，

開顏發艷照里閭ㄌㄩˊ。

伯　勞東飛燕子西去，牛郎和織女時而相見。對門住的是誰家的女兒呀？姣好的容顏和烏黑的秀髮，鄉親誰見了不誇讚呢！這幾句詩用東來西去的伯勞與燕、隔河相對的牛郎星與織女星，比喻人和人之間聚少離多的情景。

鳥兒有歷史

有些種類的伯勞（如虎紋伯勞、紅尾伯勞）和燕子一樣是夏候鳥。因為伯勞有遷飛的習性，所以古人常常以牠入詩，比喻人與人之間的離別。「勞燕分飛」這個成語，就是這樣來的，現在用來比喻夫妻、情侶的別離。

鳥類小百科

伯勞的日常生活

伯勞是小型的雀形目鳥類，牠的個頭不大，卻是兇猛的肉食性動物，有著鋒利的爪子和鉤狀的喙。伯勞會儲存食物，把沒吃完的食物穿刺在樹枝上。求偶時，雄伯勞也會把捕捉到的動物帶到樹上獻給雌伯勞。

伯勞的生活節奏和小白鷺十分相似。不過有趣的是，有人觀察到伯勞出門時，會先站在巢邊叫幾聲再起飛，回來時卻沒有類似的舉動。

兇猛的伯勞

身為兇猛的捕食者，伯勞一般會停在高大的樹梢或電線桿上，俯視著牠的獵物。牠不斷環顧四周，一旦發現獵物，就會立刻俯衝而下。如果獵物比較小，伯勞就直接吃掉對方；遇上比較大的獵物，則是啄倒對方，再用爪子將其帶回樹上食用。

伯勞鋒利的爪子

伯勞的兇猛並不只針對牠的獵物，也對牠的同類很兇。如果發現同類進入自己的捕獵範圍，就會展開激烈的戰鬥，直到其中一方被趕離這塊「寶地」。

伯勞喜歡把獵物穿刺在樹枝上。

伯勞吃什麼？

雖然伯勞的兇猛眾所周知，但是牠吃的東西和其他小鳥並沒有太大的差異。針對 41 隻成年棕背伯勞的解剖統計顯示，牠們確實會捕食大型獵物，如鼠類和蛙類，但是數量並不多。大部分的伯勞還是以昆蟲為食，多半是類似金龜子這樣，生活在農田和山林裡的鞘翅目害蟲，所以伯勞的存在有助於保護農林業。

除了肉，還有 8% 的伯勞以植物為食，主要是各種植物的種子和極少的枝葉。其實，印象中的絕大多數肉食性動物都會吃一些植物，做到葷素搭配。

伯勞和大杜鵑的「恩怨」

和燕子一樣，伯勞也是大杜鵑的寄主之一。伯勞這樣以兇猛著稱的鳥類，一旦發現大杜鵑靠近自己的巢，親鳥就會強行驅逐。即便如此，針對荒漠伯勞的研究卻發現，整個繁殖季節裡依舊有 10% 左右的伯勞鳥巢被大杜鵑寄生。

每個不同種群的雌性大杜鵑都會有固定的寄主，還會產下與對應寄主極其相似的蛋。寄主的識別能力越強，雌性大杜鵑產下的蛋就越像，雙方就像在比賽一樣。

在 這場「比賽」中，有些是寄主輸了。雖然荒漠伯勞的識別能力很強，但是大杜鵑的模仿能力更強。在其他種群裡，比如荒漠伯勞的「親戚」紅背伯勞，牠們擁有更強的識別能力，大杜鵑就很難在牠們的巢裡寄生。

自然放大鏡

外形：頭比較大一點，嘴強勁有力。

巢：像杯子一樣，築在樹梢上。

食物：以植物的種子和枝葉為食，也吃大型昆蟲及小型脊椎動物。

叫聲：多為粗啞的喘息聲。

小 小ㄒㄧㄠˇ 白 白ㄅㄞˊ 鷺 鷺ㄌㄨˋ

小白鷺為什麼是古人眼中的「高潔之士」？
小白鷺為什麼排成一行飛？

絕　句

唐・杜甫

兩個黃鸝鳴翠柳，

一行白鷺上青天。

窗含西嶺千秋雪，

門泊東吳萬里船。

杜甫這首膾炙人口的詩作，記錄了當時成都的初春物候。兩隻黃鸝在翠綠的柳蔭中對唱，一行白鷺飛上青天。西嶺雪山的白雪不會因為春暖花開而消融，門前的春水上漲，早已停泊了遠自東吳而來的客船。安史之亂結束後的第二年，杜甫回到成都草堂，當時他的心情很好，面對這一派生機勃勃的景象，愉快寫下了這首即景小詩。

關於小白鷺，《詩經》中這樣記載：「振鷺於飛，於彼西雍。我客戾止，亦有斯容。」小白鷺衝天而起，牠白色的羽毛和美妙的身姿，在古人看來有著高潔之意。白色的鷺有很多種，而在這首詩中，能在初春時節的成都見到的應該是小白鷺。牠們在中國南方過冬，通常一小群一起活動。小白鷺多半都很安靜，只有在受到威脅時才會發出刺耳的叫聲。

飄逸的小白鷺

春季是小白鷺的繁殖期，此時，牠的枕部會生出兩條長羽，像遮陽帽上飄揚的絲帶；牠的背部和胸部會長出許多蓑羽，如同裙擺上美麗的流蘇。雄鷺和雌鷺一旦結成夫妻便十分恩愛，雄鷺會為雌鷺梳理羽毛，彼此守護，如有危險靠近，便一同攻擊入侵者。

鷺和鶴長得很像：腳長、喙長、腿長、脖子長。飛行時，鷺的脖子通常會呈「S」形彎曲，鶴則總是把脖子伸得很直。因此，遠遠地看一眼，就能輕易區分。

白鷺長長的喙像匕首一樣，喙的邊緣像鋸齒一樣，有助於抓住滑溜溜的魚。

白鷺的脖子又長又靈活，有助於敏銳出擊。

自然放大鏡

小白鷺為什麼排成一行飛？

讀到「兩個黃鸝鳴翠柳，一行白鷺上青天」，是不是好奇小白鷺為什麼會排成一行飛呢？其實，列隊飛行並不是小白鷺獨有的特點，許多鳥類都會成群結隊飛行。這是因為按照最佳間隔飛行，排在隊伍後面的鳥，就可以借助隊伍前方在飛行時產生的氣流來節省體力。不過，列隊飛行的鳥類都是「大鳥」，翅膀較長，比如鵜鶘，或是鸛、雁等。因為較小的鳥類在飛行時會產生更複雜的尾部氣流，通常會阻礙身後的鳥類飛行。

大白鷺總比小白鷺大嗎？

其實大白鷺有可能比小白鷺還要小很多。白鷺實際上是好幾種鳥的名字統稱，其中就包含大白鷺和小白鷺。牠們是兩個不同的物種，最大的差異就在於小白鷺的喙是黑色的，大白鷺則多半是黃色的。不過，也不是說有黃色喙就一定是大白鷺，因為還有一種白鷺就叫黃嘴白鷺。

因為不是同一個物種，所以可能有很小的大白鷺幼鳥，體型遠小於成年的小白鷺。還有一種成年白鷺，體型介於大白鷺和小白鷺之間，還真的就叫中白鷺。

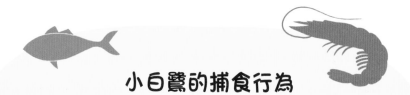

小白鷺的捕食行為

小白鷺是十分警覺的捕食者。在覓食的過程中，會轉動自己長長的脖子，環顧四周。一旦有任何風吹草動，牠就會立刻「走為上策」。覓食的時候，小白鷺會緩步前行，一旦發現獵物，如昆蟲、蜘蛛、蝦，甚至是魚和青蛙，就快步靠近，然後用長長的喙啄食。如果對方動得很快，小白鷺就會直接展開雙翅騰空而起，飛過去進行攻擊。

爲了吃到溪流中的美味，小白鷺偶爾也會在水流較急的地方，化身爲有耐心的等候者，靜靜地等著小魚小蝦自己送上門來。

小白鷺的孵化行為

實行「一夫一妻制」的小白鷺，孵卵時候也是雌雄共同參與的。和一般人認爲雌鳥孵卵、雄鳥守護的方式不同，雌雄白鷺大多輪流孵卵。白鷺的孵化期長達二十一至二十七天。這段期間，雌性也要頻繁外出覓食，就需要雄性來孵卵。而且，白鷺的孵化過程也很有特色，牠們並不像有的鳥類那樣趴在蛋上面一坐了之，而是每天翻晾十幾次，就和煎雞蛋一樣，換個面再孵化。到了孵化末期，卵內的雛鳥發育迅速，產熱增加，親鳥每天翻晾的次數就會變得更多。

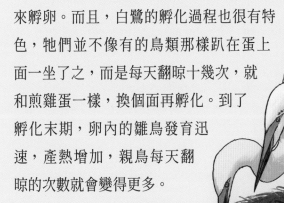

雁 ㄧㄢˋ

大雁和天鵝有什麼關係？
大雁為什麼排成「人」字或「一」字形飛？

清平樂‧別來春半

五代‧李煜

別來春半，觸目柔腸斷。

砌下落梅如雪亂，拂了一身還滿。

雁來音信無憑，路遙歸夢難成。

離恨恰如春草，更行更遠還生。

南唐後主李煜派弟弟入宋納貢而不得歸，這首詞便寄託了他對弟弟的思念。春日過半，白梅像雪花一般紛飛，拂去不一會兒又撒了一身。詞人孤身站在這令人傷懷的景致中，深深思念著遠方的親人。千里傳書的鴻雁來了，卻沒有帶來親人的消息，更添了幾分愁緒。思念的愁苦就像那叢叢春草，不斷地生長。

鴻雁也叫大雁，是一種大型候鳥。因爲牠在北方繁殖，在南方過冬，所以古人傳言可以靠牠們在南北方之間傳遞消息，也就有了「雁足傳書」和「鴻雁傳書」這樣的成語。鴻雁是古代常見的鳥類，中國的家鵝就是從鴻雁馴化而來的。

鴻雁非常好認，牠們和「紅掌撥淸波」的家鵝一樣，也有一雙橘紅色的腳掌；牠的嘴是黑色的，和前額形成一條直線；頸部棕白相間，有條鮮明的分界線。

大雁為什麼排成「人」字或「一」字形飛？

大雁的遷徙旅程異常漫長，牠們需要以每小時 70 至 90 公里的速度，不斷飛行一至兩個月之久，中間的休息時間很少。所以節省體力就成了大雁飛行中十分重要的需求。

飛行隊列一般由一隻有經驗的老雁帶頭，帶頭的大雁鼓動翅膀以後，就會形成微弱的上升氣流，後面的鳥就可以利用這股氣流來節省體力。除此以外，鳥類的眼睛分布在兩側，排成「人」字形飛行，可以讓身後的大雁都看到領隊，領隊也能看到後方的雁群。

但究竟哪一個才是正確答案呢？因為鳥類的飛行動作太複雜，難以計算，目前還沒有定論。

大雁在長途飛行時，每個成員會輪流做領隊。頭雁的速度決定雁群的速度。

鴻雁的日常生活

鴻雁主要在東北繁殖,在長江下遊及以南地區越冬。牠們喜歡棲息在濕地、湖泊、沼澤等水生植物茂密的地方。

鴻雁以草本植物的葉和芽爲食,偶爾也會食用少量的軟體動物或是甲殼類動物。《呂氏春秋》中說:「孟春之月候雁北,仲秋之月候雁來。」這說明戰國時期的人們,已經觀測到了鴻雁遷徙的規律。

有著流線型身軀的大雁,飛行時受到的空氣阻力會比較小,飛行更省力。

大雁和天鵝有什麼關係？

大雁其實是一類鳥兒的統稱，有些地方也會把大雁稱為野鵝。叫法這麼混亂，是因為牠們的關係比較親近。我們常常會把鴨科雁亞科下所有的鳥類統稱為雁，但這個亞科下有好幾個不同的屬，鴻雁屬於其中的雁屬，天鵝則屬其中的天鵝屬。所以，哪怕把天鵝叫成大雁，其實也不算叫錯。

外國的鵝也是由鴻雁馴化而來的嗎？

世界上的家鵝有兩種不同源頭，其中亞洲鵝和非洲鵝種主要來源於鴻雁，但歐洲鵝和美洲鵝種則是鴻雁的親戚「灰雁」。粗略的估計顯示，這兩種雁在四十萬年前分化成不同的種。

不過，在新疆西部，還有一種和普通家鵝不大相同的品種——伊犁鵝。根據伊犁鵝的 DNA 分析，牠和中國其他十個家鵝品種都不一樣，反而和灰雁的 DNA 很相似。從外形上來看，其他中國家鵝品種的腦袋上都有一個肉瘤狀突起，伊犁鵝卻沒有。說不定伊犁鵝是古時候從歐洲引入的品種。

鶴 ㄏㄜˋ

鶴頂的一抹紅有毒嗎？野鶴真的逍遙自在嗎？

送方外上人

唐・劉長卿

孤雲將野鶴，

豈向人間住。

莫買沃洲山，

時人已知處。

前兩句是指詩人送僧人歸山，說行僧像孤雲和野鶴，怎能在人世間棲居住宿。後兩句詩人勸僧人要歸隱別去沃洲名山，那地方已爲世人所熟知，僧人應另尋福地。想像一下晴朗的天空中只有一片雲朵，帶領著一隻單飛的鶴，這是多麼開闊逍遙的畫面。今天，人們也會用「閒雲野鶴」來形容逍遙自在的人生狀態。

我們熟知的丹頂鶴也是古人口中的白鶴、仙鶴，張開翅膀接近兩公尺長。在距今兩千多年的河北滿城漢墓，出土的漆器上就繪有丹頂鶴的圖案。三國時期，吳國的學者陸璣在《毛詩草木鳥獸蟲魚疏》中，詳細描述了丹頂鶴：「大如鵝，長腳，青翼，高三尺餘，赤頂，赤目，喙長四寸餘，多純白。」無論是鶴壽千歲還是松鶴延年，丹頂鶴在中國人的記憶中歷來是兆壽靈物、吉祥之鳥。

丹頂鶴喜歡棲息在開闊的平原、沼澤、湖泊、草地、海邊、蘆葦叢、河岸等地帶，多半會成對或成家族群、小群活動。在遷徙期和越冬期，丹頂鶴也常由數個或數十個家族群結成較大的群體。有時，集群的丹頂鶴甚至多達一百多隻。

鶴的體形

在非繁殖季節，鶴會成群結隊活動。單飛的鶴一般出現在繁殖季節，此時牠要占有和守衛自己的領地。跟白鷺一樣，鶴也有著長腿、長嘴、長脖子，但鶴的體形多半更大，就連最小的蓑羽鶴，體長都接近一公尺。

多數的鶴都有很長的氣管，氣管在胸腔中盤繞，形成類似長號的結構，讓鶴能發出響亮的鳴叫，也就是所謂的「鶴唳」。因此，也可以憑叫聲區分鶴和鷺。

「鶴頂紅」有毒嗎？

丹頂鶴的頭部有一小塊紅色區域，俗稱「鶴頂紅」。傳說這是一種劇毒物質，服用後就會立刻死亡，無藥可治。但實際上，丹頂鶴全身都沒有毒，頭上這塊紅色頭冠也是無毒的，沾上它更不會無藥可治。

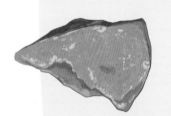

那麼，「鶴頂紅」到底是什麼？其實這是一種名為信石的礦石，有紅、白兩種顏色。這種礦石的主要成分為三氧化二砷，加工以後就是著名的毒藥——砒霜。電視劇裡看到皇帝賜大臣「鶴頂紅」，其實就是賜毒藥的意思。但是砒霜的名字不好聽，於是就說成「鶴頂紅」。傳來傳去，就讓很多人誤以為丹頂鶴頭上的一抹紅是有毒的了。

聰明的野鶴

大部分的鳥類在孵卵、育雛的時候，都會變得十分敏感好鬥。為了保護後代，鳥兒們演化出各式各樣的手段。

鶴也一樣，牠們在孵卵的時候十分警惕。情勢略有狀況時，牠們不會直接上前對抗，而是悄悄地走出巢穴，在大約五十公尺外的地方突然起飛到幾百公尺外進行監視。很多掠食者被騙，跑到起飛處尋找巢穴，自然一無所獲。「影帝」級的鶴媽媽、鶴爸爸就這樣單靠表演守護自己的家。

野鶴真的逍遙自在嗎？

有句成語是「閒雲野鶴」，多半用來形容無拘無束、不受羈絆的人。

但現實中的野鶴真有那麼逍遙自在嗎？在雲南麗江拉市海保護區裡，有個灰鶴的越冬地，灰鶴冬天會遷移到這裡覓食。科學家們研究在這裡生活的灰鶴行為，並將其分為四種——防衛性的警戒行為（不斷張望、傾聽、確認是否有天敵出現）；尋找食物和水源的取食行為；梳理羽毛、洗澡洗頭的護理行為；睡覺、站立不動的休息行為。

最後，他們發現取食行為大約占了灰鶴日間活動的 75％，警戒行為則將近 15％，護理行為只有 5％ 左右，休息時間只占了不到 4.5％。看來，每天多半都在為了溫飽而掙扎的野鶴，也許才是最不「閒雲野鶴」的存在。

海鷗

ㄏㄞˇ　ㄡ

古人說的鷗是什麼鷗？聽說有種鷗連兔子都能捉？

積雨輞川莊作

唐·王維

積雨空林煙火遲，蒸藜炊黍餉東菑ㄗ。

漠漠水田飛白鷺，陰陰夏木囀黃鸝。

山中習靜觀朝槿，松下清齋折露葵。

野老與人爭席罷，海鷗何事更相疑。

王維作這首詩的時候，已經是晚年隱居山林了，詩歌描繪的畫面正好展現他閒散安逸的心境。連日雨後，樹木稀疏的村落裡炊煙冉冉升起，飯做好後就被送到田頭幹活兒的人手中。廣闊平坦的水田上一行白鷺飛起；繁茂的樹林中傳來黃鸝婉轉的啼聲。詩人深居山中，望著槿花朝開夕落，修養寧靜的品性；在松樹下吃著素食，摘採新鮮的葵來佐餐。他認為自己已經是個退出官場的人，鷗鳥也不會有什麼猜疑了。

王維在這首詩中提到的海鷗，與戰國時期的一則寓言有關。有人跟海鷗很親近，他父親跟他說：「聽說海鷗都願意跟著你，你去捉一隻回來給我玩。」但是當他再去海邊想捉海鷗時，海鷗都只在空中飛，不再下來了。

古人說的海鷗，指的是在海邊生活的各種鷗鳥；現在所說的海鷗，則特指鷗科鷗屬的一種鳥。

海鷗不住在海邊？

鷗科鳥類有幾十種，人們常常統稱為海鷗。實際上，常見的鷗鳥有會變色的紅嘴鷗、嘴上帶黑點的黑尾鷗、體形碩大的銀鷗等。嚴格定義的話，牠們是生活在水邊的鷗鳥，並不是海鷗。

海鷗的日常生活

從前的海鷗只能自己捕食，不管是抓小蟲子還是偷別家的鳥蛋，都是需要技術的。如今牠們可以在城市中生活，周圍多的是手拿麵包、薯條的人類。就算沒人餵食，聰明的海鷗也會去便利商店拿包零食，算是來頓「自助餐」了。

海鷗習性的改變雖然帶給人類一點小麻煩，但影響更大的應該是海鷗本身。目前還不清楚長期食用薯條、漢堡之類高膽固醇的食物，對鳥類的身體是否有影響，但生活在城市裡的鳥，體內的膽固醇含量確實更高些。

大黑背鷗有長長的蹼和趾，這樣在海邊泥沙裡行走才不容易陷進去。

107

鳥類小百科

紅嘴鷗

黑尾鷗

銀鷗

海鷗的捕食行為

海鷗的頭圓圓的，喙短而細，成年後呈黃色。身上的羽毛潔白，一對大翅膀則是灰色的。體長 50 公分左右，屬於中型鷗類。海鷗吃的東西很雜，除了小魚小蝦，也吃各種小蟲子、鳥蛋及人類的殘羹剩飯，有什麼就吃什麼。曾有影片記錄海鷗吞下一整隻兔子的過程，但那其實是海鷗的大哥──大黑背鷗的傑作。大黑背鷗比海鷗的體形還要大，身體最長可達 79 公分，展開雙翅更可達 1.7 公尺，跟成年人的身高差不多。大黑背鷗比海鷗兇猛多了，不僅會吃兔子，還會吃羊。

海鷗的繁育行為

海鷗的壽命可達 24 年，每年五至七月，牠們會在歐亞大陸北面廣袤的草原上繁育後代。除了海岸邊，島嶼、河流岸邊也是牠們築巢的選址範圍。實行「一夫一妻制」的海鷗，一旦認定了自己的伴侶，就會搭一個經久耐用的鳥巢給另一半。之後這對海鷗每年都會相約舊巢一同繁衍，有時候還會修繕翻新巢穴。海鷗每窩產卵二至四枚，通常是綠色或橄欖褐色。雌雄海鷗輪流孵卵，直至 22 至 28 天後幼鳥誕生。經過兩年的成長和換羽，幼鳥才能成為獨當一面的成鳥。出生頭一年的幼鳥身上會有棕色的縱紋，直到第二年的冬天，才會漸漸長出一些白色和灰色的羽毛。

海鷗

鴻鵠

ㄏㄨㄥˊ   ㄏㄨˊ

高雅沉靜的天鵝竟然很兇猛？什麼是「黑天鵝事件」？

陳涉世家（節選）

漢・司馬遷

陳涉少時，嘗與人庸耕，

輟（ㄔㄨㄛˋ）耕之壟上，悵（ㄔㄤˋ）恨久之，

曰：「苟富貴，無相忘。」

庸者笑而應曰：「若為庸耕，何富貴也？」

陳涉太息曰：「嗟乎！燕雀安知鴻鵠之志哉！」

節選部分出自史學巨著《史記》，寫的是秦末農民起義領袖陳勝、吳廣的傳記。故事一開頭便描述陳勝（陳涉）的與眾不同。陳勝（陳涉）年輕時曾和別人一起當佃農，替有錢人家耕地。一天，他們在田埂的高地上休息，陳勝（陳涉）惆悵地說：「如果有誰富貴了，不要忘記大家呀。」一起耕作的同伴笑著回答說：「給人耕地的佃農哪來的富貴呢？」陳勝（陳涉）長嘆一聲說：「唉！燕雀怎能知曉鴻鵠的志向呢！」後來，這句名言常常用來比喻平凡人不懂得英雄人物的遠大志向。

鴻鵠本指兩類動物，鴻是鴻雁，鵠是天鵝。在古詩中，古人提及鴻鵠或者黃鵠，一般都是指天鵝。比如，西漢開國皇帝劉邦寫的「鴻鵠高飛，一舉千里」；還有三國時期魏國詩人阮籍的「寧與燕雀翔，不隨黃鵠飛」。

天鵝是大型的雁形目鳥類，擅於長途飛行。在中國，常見的天鵝有大天鵝和小天鵝兩種。大天鵝體形較大，雙翅展開可達兩公尺。天鵝這樣大型、長壽的鳥兒，傾向於選擇固定的伴侶一起養育後代，所以，多數天鵝實行「一夫一妻制」，是真正的比翼雙飛。

大天鵝

黑天鵝

天鵝的食性

雖然天鵝很兇猛，但是牠們的食物仍以植物為主。一項研究針對山東榮成天鵝湖的越冬大天鵝，顯示牠們的食物來源有九成以上是小麥，除此以外還有海帶和大葉藻等。

不過，其他地方的大天鵝卻不太吃小麥。顯示出牠們只有在海帶等藻類不夠吃的情況下，才會攝取小麥。

美國黃石地區的黑嘴天鵝還喜歡吃篦齒眼子菜的塊莖。如果這些塊莖不夠吃了，牠們還會去農田裡尋覓別的食物來代替。

天鵝的遷徙

天鵝每年遷徙飛行的距離可達數千公里，遷徙時多集合成小群一起活動。在古人看來，天鵝、鴻雁這樣大型的鳥兒，能力和氣度都遠勝燕子和雀鳥。不過現代人都知道，燕子同樣是在南北半球之間遷徙的鳥類，要說能力和氣度，可一點都不輸給天鵝。

「黑天鵝事件」

十七世紀之前，歐洲人認為天鵝全都是白色的，從來沒見過其他顏色的天鵝。但是後來發現一隻黑色的天鵝後，顛覆了當時人們的認知。於是，人們就把這種意外出現的、影響重大的事件稱為「黑天鵝事件」。

兇猛的天鵝

大部分的鳥類在保護巢穴和幼鳥時都會展現很強的攻擊性，天鵝也不例外。不過大部分鳥類體形都很小，天鵝卻很大，一隻成年天鵝體長能超過一公尺多，體重則有十公斤以上。

伯勞再兇猛，面對人類這樣的「龐然大物」也會束手無策。但是一隻家鵝可是能和普通人類對打的，而體形大小接近家鵝兩倍的天鵝，更能把一般人打得抱頭鼠竄。

曾有一則新聞提到某地一名男子違規下湖游泳，不小心踏進一對黑天鵝的領地。面對黑天鵝的撲啄摳抓，男子毫無還手之力，最後負傷而逃。天鵝看似優雅，其實還是非常兇猛的，千萬別惹牠們呀！

小天鵝

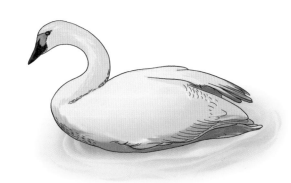

雎（ㄐㄩ）鳩（ㄐㄧㄡ）

雎鳩是什麼鳥？牠是傳說中的「捕魚高手」嗎？

國風‧周南‧關雎（節選）

先秦‧佚名

關關雎鳩，

在河之洲。

窈窕淑女，

君子好逑（ㄑㄧㄡˊ）。

這是《詩經》的第一篇，也是家喻戶曉的名篇。節選的大意是關關和鳴的雎鳩，棲息在河中的小洲，賢良美好的女子，是君子的好配偶。〈關雎〉在中國文學史上占有特殊的地位，節選的幾句用了「興」的表現手法：用和鳴的雎鳩，詠嘆君子和淑女的情感。

雎鳩尖利的爪子看上去像鈎子，讓雎鳩可以憑著它抓起魚，在空中飛行好長一段時間。

雎鳩是古時對擅長捕魚的鳥類的稱呼，有一說認為牠是名為冠魚狗的翠鳥。不過，更加廣為認可的說法是：雎鳩是一種名為鶚的水鳥。《爾雅》中的解釋是這樣的：「雎鳩，王雎。」晉朝學者郭璞曾註解：「雕類，今江東呼之為鶚，好在江渚山邊食魚。」鶚的壽命較長，有二十至三十年之久，牠們配對後往往相伴終身，這也符合古人對雎鳩情感忠貞的印象。

自然放大鏡

捕食：從水上懸枝深扎入水中捕魚，或在水上緩慢盤旋後振翅停在空中，再扎入水中。

外形：中等體形，褐、黑及白色的鷹。

食物：主要是魚類。

叫聲：繁殖期發出響亮、哀怨的哨音。

觀察一下魚鷹和鸕鷀有什麼不一樣？

名叫鶚的魚鷹

鶚又叫魚鷹，喜歡在岸邊的大樹上蓋起龐大的巢。一對鶚通常會在這座「房子」裡住上好幾年。儘管鶚廣泛分布在世界各地，牠們仍屬於珍稀鳥類。鶚對生活環境的要求比較苛刻：清澈的水、水裡有魚、方便築巢的大樹、遠離人類。

不會打濕的羽毛

鶚的羽毛堅硬而光滑，即便沾了水也不會被打濕。這是因為牠的尾骨腺能分泌一種潤滑羽毛的物質。

鶚會在樹頂或大平台上築一個很大的巢。

捕魚高手

鶚的爪子很長，張開呈弓形，敏捷有力。牠們常常低飛盤旋在空中，發現適合捕捉的獵物便伸出爪子，又穩又準地扎入水中，狠狠抓住獵物。無論是湖泊還是小河，鶚都能一展身手。但是水域必須潔淨清澈，不然鶚可無法發現混水裡的獵物。

此魚鷹非彼魚鷹

不過，同叫魚鷹的還有一種和人更親近的動物——鸕鷀。牠不屬於猛禽，而屬於鵜形目鸕鷀科的鳥類，嘴長呈鉤狀，能在水中長時間游泳追逐獵物。每次捕魚能在水下待二十八秒左右，潛水深度平均可達五‧八公尺。因為鸕鷀的羽毛上沒有防水的油脂，所以全身浸濕後的鸕鷀會顯得有些笨重。

雖說愛吃魚，但鸕鷀也不是只吃魚，也會捕食甲殼類和兩棲動物換換口味。有時候捕不到魚，牠們還會化身「強盜」，直接從其他鳥類的嘴裡搶魚。但其他鳥兒也不是吃素的，因此鸕鷀也會遭到其他鷺科鳥類的搶食。

鸕鷀

鸕鶿的「打工」生活

過去，漁夫們會用一些植物的莖編成繩子套在鸕鶿的脖子上。這樣的繩圈既不影響鸕鶿的正常生活，又能確保牠們捕到大魚之際，不會一口吞下。這時漁夫只需要一捋，大魚就會從鸕鶿的口中吐出。作為獎勵，漁夫會在完成捕魚任務後，給牠們一些可以穿過繩圈吃進肚裡的小魚。現在有了各種各樣的捕魚工具，不需要依靠鸕鶿，也多半能有穩定的捕魚量。

小白鷺為什麼排成一行飛？④
古詩詞裡的自然常識【鳥類篇】

作　　　者｜鍾歡、施奇靜、孫詩易
專業審訂｜宋怡慧、李曼韻
責任編輯｜鍾宜君
封面設計｜謝佳穎
內文設計｜陳姿仔
特約編輯｜蔡緯蓉

出　　　版｜晴好出版事業有限公司
總　編　輯｜黃文慧
副總編輯｜鍾宜君
行銷企畫｜胡雯琳、吳孟蓉
地　　　址｜104027 台北市中山區中山北路三段 36 巷 10 號 4 樓
網　　　址｜https://www.facebook.com/QinghaoBook
電子信箱｜Qinghaobook@gmail.com
電　　　話｜（02）2516-6892　傳　真｜（02）2516-6891

發　　　行｜遠足文化事業股份有限公司 (讀書共和國出版集團)
地　　　址｜231 新北市新店區民權路 108-2 號 9F
電　　　話｜（02）2218-1417　傳真｜（02）22218-1142
電子信箱｜service@bookrep.com.tw
郵政帳號｜19504465 （ 戶名：遠足文化事業股份有限公司 ）
客服電話｜0800-221-029　團體訂購｜02-22181717 分機 1124
網　　　址｜www.bookrep.com.tw
法律顧問｜華洋法律事務所／蘇文生律師
印　　　製｜凱林印刷
初版一刷｜2024 年 1 月
定　　　價｜350 元
ISBN｜978-626-7393-18-6
EISBN｜9786267396261（ PDF ）
EISBN｜9786267396278（ EPUB ）

國家圖書館出版品預行編目 (CIP) 資料
小白鷺為什麼排成一行飛 ?/ 鍾歡、施奇靜、孫詩易著 .– 初版 .– 臺北市 : 晴好出版事業有限公司出版 ;
新北市 : 遠足文化事業股份有限公司發行 ,2024.01 128 面 ; 17×23 公分 .– (古詩詞裡的自然常識 ;4)
ISBN 978-626-7396-18-6(平裝) 1.CST: 科學 2.CST: 鳥類 3.CST: 通俗作品 308.9　　112018789